Beate Schmitz

Praktikumsbericht zum Fachpraktikum Mathematik

GRIN Verlag

Bibliografische Information der Deutschen Nationalbibliothek:

Die Deutsche Bibliothek verzeichnet diese Publikation in der Deutschen National-
bibliografie; detaillierte bibliografische Daten sind im Internet über http://dnb.d-
nb.de/ abrufbar.

Impressum:

Copyright © 2008 GRIN Verlag GmbH
Druck und Bindung: Books on Demand GmbH, Norderstedt Germany
ISBN: 978-3-640-99554-7

Dieses Buch bei GRIN:

http://www.grin.com/de/e-book/177583/praktikumsbericht-zum-fachpraktikum-
mathematik

GRIN - Your knowledge has value

Der GRIN Verlag publiziert seit 1998 wissenschaftliche Arbeiten von Studenten, Hochschullehrern und anderen Akademikern als eBook und gedrucktes Buch. Die Verlagswebsite www.grin.com ist die ideale Plattform zur Veröffentlichung von Hausarbeiten, Abschlussarbeiten, wissenschaftlichen Aufsätzen, Dissertationen und Fachbüchern.

Besuchen Sie uns im Internet:

http://www.grin.com/

http://www.facebook.com/grincom

http://www.twitter.com/grin_com

Universität zu Köln

Mathematisch-Naturwissenschaftliche Fakultät

Seminar für Mathematik und ihre Didaktik

Praktikumsbericht zum

Fachpraktikum Mathematik

Beate Schmitz

Praktikumsbericht zum Fachpraktikum Mathematik

Inhaltsverzeichnis

1. BEDINGUNGSFELDANALYSE

1.1 Schulprofil

Die Stadt xxx liegt im Nordwesten des xxx-Kreises, der im Osten an die Stadt xxx angrenzt. Im bevölkerungsstärksten Stadtteil xxx befindet sich die „xxx-Schule". Als katholische Grundschule ist sie eine Bekenntnisschule, in der die Kinder nach den Grundsätzen des christlichen Glaubens unterrichtet werden. Das als ländlich zu bezeichnende Einzugsgebiet umfasst die Stadtteile xxx und xxx. Eltern aus anderen Stadtteilen können ihr Kind auf Antrag an der xxx-Schule anmelden.

Zurzeit besuchen ca. 400 Kinder diese Grundschule. Der Anteil von Mädchen und Jungen ist in etwa ausgeglichen. Die durchschnittliche Klassenstärke liegt bei 25 Kindern. Nach zwei Schuljahren wechselt für gewöhnlich die Klassenlehrerin oder der Klassenlehrer. Die Schulleiterin ist Klassenlehrerin eines 4. Schuljahres. Die restlichen 14 Jahrgangsklassen werden von dreizehn Lehrerinnen und einem Lehrer geführt. Außerdem unterstützt eine Sozialpädagogin die Lehrkräfte in den Schuleingangsklassen, und eine Lehrkraft der Förderschule mit dem Schwerpunkt Lernen erteilt fünf Stunden im Rahmen des Gemeinsamen Unterrichts. Hinzu kommen noch zwei Referendarinnen, ein Hausmeister und eine Sekretärin, die an der Schule tätig sind. Bezogen auf das Alter ist das Kollegium sehr gemischt zusammengesetzt.

Vor 30 Jahren zog die seit 1968 bestehende Schule in das heutige Gebäude um. Die Klassenräume der ersten und zweiten Schuljahre sind zumeist im Erdgeschoss, während die Dritt- und Viertklässler im ersten Stock untergebracht sind. Dort befindet sich auch ein Computerraum. Den anderen Teil des L-förmigen Gebäudes machen Verwaltung, Aula, Turnhalle und die Räume, die dem Betreuungsangebot zur Verfügung stehen, aus. Auf dem asphaltierten Schulhof stehen zwei Tischtennisplatten. Bei trockenem Wetter kann auch der angrenzende Sandplatz mit Klettergerüst und weiteren Geräten genutzt werden. Hinter dem Schulhof liegt eine Aschenbahn, auf der im Sommer Sport getrieben werden kann.

Die erste Stunde beginnt um 8.00 Uhr. Je nach Stundenplan haben die Kinder zwischen 11.35 Uhr und 13.20 Uhr Schulschluss. Für die Vormittagsbetreuung „Schule von 8 bis 1" und den offenen Ganztag ist xxx zuständig.

Über den Religionsunterricht hinaus sollen den Kindern christliche Werte wie die Ehrfurcht vor Gott, die Achtung vor der Würde des Menschen, die Bereitschaft zum sozialen Handeln und die Toleranz gegenüber anderen Nationalitäten und Religionen vermittelt werden. Zum Schulalltag gehören auch das Gebet und die Teilnahme am Schulgottesdienst. Die türkischen Kinder können während dieser Zeit das Angebot des muttersprachlichen Unterrichts wahrnehmen.

Jede Klasse hat gemäß Lehrplan fünf Einzelstunden Mathematik pro Woche. Hinzu kommen Förderstunden. In allen Schuljahren werden die Arbeitsbücher und -hefte „Welt der Zahl" vom Schroedel Verlag genutzt.

1.2 Charakterisierung der Hospitationsklassen

Die Klasse 1b

In der Klasse 1b lernen 23 Kinder (11 Mädchen und 12 Jungen) im Alter zwischen 6 und 8 Jahren gemeinsam. Die Kinder sind sehr aufgeweckt und engagiert. Die Klassenlehrerin achtet darauf, dass es sauber und ordentlich in der Klasse ist, sodass alle sich wohl fühlen. Die Tische der Kinder stehen in einer Hufeisenform.

Die Mathematikstunden hält die Klassenlehrerin fast immer in der 2. Stunde. Da die Kinder für die Frühstückspause noch ausgiebig Zeit benötigen, stehen meist nur 40 Minuten oder weniger zur Verfügung.

Unter den Schülerinnen und Schülern befinden sich zwei türkischstämmige Jungen. Einige Kinder haben ein ausländisches Elternteil. Alle Kinder verstehen und sprechen sehr gut deutsch, sodass es keine Verstehensprobleme gibt.

Die mathematische Leistungsstärke der Kinder ist recht unterschiedlich. Einige Kinder arbeiten sehr langsam und sorgfältig, andere sind sehr schnell mit ihren Aufgaben fertig, machen allerdings Flüchtigkeitsfehler. xxx und xxx, die ganz vorne sitzen, lassen sich leicht ablenken und können sich nicht länger mit einer Sache beschäftigen. xxx wiederholt die erste Klasse. Die Aufgaben sind für ihn kein Problem, doch er könnte seine Aufgaben gewissenhafter erledigen.

Die Klasse 2a

Die Klasse 2a setzt sich aus 24 Kindern (15 Mädchen und 9 Jungen) im Alter zwischen 7 und 9 Jahren zusammen. Die Kinder sind sehr aufgeschlossen und in der Regel leicht zu motivieren. Es herrscht ein angenehmes Klassenklima, in dem Mädchen und Jungen gut miteinander arbeiten können.

Bis zu den Herbstferien des zweiten Schuljahres hatten die Kinder eine Klassenlehrerin, die nun pensioniert ist. Seitdem führt Frau xxx die Klasse.

Zu Beginn meiner Hospitation saßen die Kinder an vier Gruppentischen. Die Sitzordnung wurde allerdings so geändert, dass die Tische nun in etwa zwei große „E"s bilden, die einander zugewandt sind. Immer zwei Kinder sitzen zusammen an einem Doppeltisch.

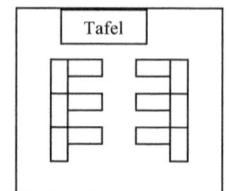

Unter den Schülerinnen und Schülern befinden sich sechs türkische Kinder. Alle Kinder verstehen sehr gut deutsch, sodass keine Verständigungsprobleme bestehen. Bis auf xxx, die die erste Klasse bereits einmal wiederholt hat, sprechen alle flüssig und können sich gut ausdrücken.

Die Klasse ist insgesamt sehr leistungsstark in Mathematik. Die Kinder erledigen ihre Aufgaben sorgsam und zügig. Zu den lernschwächeren Kindern zählen xxx und xxx, denen das Einmaleins noch Probleme bereitet. xxx lässt sich leicht ablenken und hat Schwierigkeiten, sich über einen längeren Zeitraum zu konzentrieren.

Die Klasse 4b

Die Klasse 4b besteht aus 28 Kindern (13 Mädchen und 15 Jungen) im Alter von 9 bis 11 Jahren. Die Klassengemeinschaft ist nach nun mehr als drei Jahren des gemeinsamen Lernens gut zusammen gewachsen. Trotzdem ist die Heterogenität der Kinder sehr auffällig. Während des Unterrichts bei der Klassenlehrerin arbeiten die Kinder gut mit. Wegen ihrer administrativen Aufgaben als Schulleiterin kann sie allerdings nur eine begrenzte Anzahl an Stunden geben. Der Mathematikunterricht findet somit bei einer anderen Fachkraft statt. In diesen Stunden sind die Kinder meist sehr laut, worunter die Arbeitsatmosphäre leidet.

In der Klasse sind zwei türkische Kinder. Sie verstehen und sprechen sehr gut deutsch.

Die mathematische Leistungsfähigkeit der Kinder differiert stark. xxx bearbeitet während des Mathematikunterrichts leichtere Aufgaben, da sie wegen einer Lernschwäche dem Regelunterricht nicht folgen kann. Xxx und xxx brauchen sehr lange, um neue Methoden, Arbeitsschritte oder Rechenweisen zu verstehen. Danach rechnen sie jedoch zügig. Zu den lernstärkeren Kindern gehören xxx und xxx.

2. TÄTIGKEITSNACHWEIS

2.1 Protokolle der hospitierten Stunden

Datum / Klasse: Montag, 18.02.08   2. Stunde   Klasse 1b
Thema der Stunde: Addition mit Geld, Kleiner- und Größerrelation
Lernziele: Die Kinder sollen
                  - vergleichen, indem sie bestimmen, welche Zahl größer ist
                  - formalisieren, indem sie das richtige Zeichen (< oder >) zwischen zwei Zahlen setzen
Verlauf: - Begrüßung, Lob über die vorangegangene Sportstunde, Vorstellung meiner Person, Gebet, Lied
         - Besprechung der Fehler der letzten Klassenarbeit
         - Wiederholung der Kleiner- und Größerrelation
         - Besprechung zweier Aufgaben aus dem Buch an der Tafel mit der ganzen Klasse
         - Kinder erledigen den Rest der Aufgaben selbstständig im Buch
         - Lehrkraft und ich helfen einzelnen Kindern, die Schwierigkeiten haben

Beobachtungsschwerpunkte:
1) <u>Strukturierung der Stunde:</u>
   - Begrüßung etc.
   - Besprechung der Aufgaben aus der Klassenarbeit, bei denen die meisten Kinder Schwierigkeiten hatten
   - Rückblick / Auffrischung der bereits kennengelernten Zeichen < und > und Rechnen einiger Beispielaufgaben an der Tafel von Lehrkraft und Kindern
   - Kinder arbeiten selbstständig im Buch
2) <u>Arbeits- und Sozialformen:</u>
   - Frontalunterricht:
     bei „leichten" Wiederholungsfragen oder zu vervollständigenden Sätzen antworten Kinder gemeinsam als Chor, z.B. Lehrkraft: „Welcher Zahl piekt das Krokodil in den Bauch – der kleinen oder der großen?" Alle: „Der kleinen!"
     bei „schwierigen" Einzelfragen oder Fragen nach einem speziellen Ergebnis werden Kinder aufgerufen, die sich melden, z.B. Lehrkraft: „Welche der beiden Zahlen ist die kleinere?" (von 5 und 8) Kind: „5!"
   - selbstständiges arbeiten im Buch
3) <u>Einsatz von Medien und Materialien:</u>
   - Tafel (größtenteils von Lehrkraft genutzt)
   - Mathematikbuch

Kurzreflexion:
- Sprüche, Reime, Figuren etc. helfen den Kindern, sich an Regeln, Gesetzmäßigkeiten etc. zu erinnern. So z.B. der Spruch „Das Krokodil piekt der kleinen Zahl in den Bauch und frisst die große Zahl mit dem Maul" zum Einprägen des Kleiner- und Größer-als-Zeichens oder die Figuren „Zahlix" und „Zahline" aus dem Rechenbuch.
- Lob (in Maßen) motiviert die Kinder
- Wenn die Kinder bereits im ersten Schuljahr Aufgaben an der Tafel vorstellen und selbst einen hohen aktiven Anteil am Unterrichtsgeschehen haben, verlieren sie die u.U. vorhandene Angst, vor der Klasse zu sprechen oder nach vorne zu kommen.

Datum / Klasse:	Montag, 18.02.08	3. Stunde	Klasse 2a
	Dienstag, 19.02.08	2. Stunde	
	Donnerstag, 21.02.08	2.Stunde	

Thema der Stunden: Kleines Einmaleins (2er, 3er, 4er und 5er Reihe)

Lernziele: Die Kinder sollen
- das Einmaleins lernen (die Reihen automatisieren)
- die Struktur der Lösungen von Textaufgaben (Frage, Rechnung, Antwort) verinnerlichen
- mit Hilfe des Einmaleins Textaufgaben lösen

Verlauf: erste Stunde:
- Vorstellung meiner Person
- einzelne Kinder sagen vor der Klasse die 3er, 4er und 5er Reihe auf; teilweise auch rückwärts
- Lehrkraft stellt Fragen der Art „Was ist das Doppelte / die Hälfte von …?"
- Textaufgabe im Buch: Lehrkraft geht mit den Kindern mündlich die Aufgabenteile a und b durch, anschließend sollen die Kinder selbstständig im Heft rechnen
- Hausaufgabe: die Textaufgabe zu Hause zu Ende bearbeiten

zweite Stunde:
- „Aufwachspiel": Kinder legen sich „schlafen", Lehrkraft tippt Kind an und stellt ihm eine Einmaleins-Aufgabe, bei richtiger Lösung ist das Kind „erwacht", Spiel endet, wenn alle Kinder aufgeweckt sind
- einzelne Kinder sagen vor der Klasse die 3er und 4er Reihe auf; teilweise auch rückwärts
- Lehrkraft stellt Fragen der Art „Was ist das Doppelte / das Dreifache / das Vierfache von …?"
- mündliche Kontrolle der Hausaufgaben
- Lehrkraft stellt Fragen der Art „Was ist die Tausch- / Umkehraufgabe von … plus …?" und „Was ist die Umkehraufgabe von … minus …?"
- Kinder dürfen sich von den Textaufgaben aussuchen, welche sie zuerst bearbeiten möchten
- Hausaufgabe: Textaufgaben der beiden Seiten zu Ende rechnen

dritte Stunde:
- die Lehrkraft verspätet sich, daher beginne ich mit dem „Aufwachsspiel" (s. Stunde vom 19.02.)
- Begrüßung der Lehrkraft, Gebet, Bitten und Danksagungen
- einzelne Kinder sagen vor der Klasse die 3er und 4er Reihe auf; teilweise auch rückwärts
- Lehrkraft gibt Ergebnis aus der 4er Reihe vor, z.B. „24" und die Kinder sollen die passende Multiplikationsaufgabe „6 · 4" sagen
- Lehrkraft stellt Divisionsaufgaben aus der 3er, 4er und 5er Reihe, z.B. „25 : 5"
- Kinder sollen Aufgaben aus dem Buch bearbeiten

Beobachtungsschwerpunkte:

1) Lehrverhalten:
Besonderer Wert wird darauf gelegt, dass die Kinder bei den Textaufgaben die richtige Frage formulieren, denn darauf bauen Rechnung und Antwort auf. Scherzhaft setzt die Lehrkraft Impulse ein wie „Was essen die Clowns am liebsten?" oder „Wie heißen die Clowns?". Alle Kinder lachen zwar, doch nur wenige können die Lehrkraft verbessern.

2) Hausaufgaben:
Es werden die Aufgaben aufgegeben, mit denen bereits in der Schule begonnen wird.

3) Verhalten eines lernschwächeren Kindes:

Zur Beobachtung setze ich mich neben ein türkisches Mädchen, das ziemlich isoliert an einem hinteren Gruppentisch sitzt. Wie ich später erfahre, hat es die erste Klasse bereits wiederholt. Es nimmt nicht am Unterrichtsgeschehen teil und kann die Fragen der Lehrkraft nicht beantworten. Während die anderen Kinder selbstständig an der Textaufgabe arbeiten, bespreche ich die Aufgabe noch einmal mit ihr alleine. Das Mädchen fängt leicht an zu weinen. Es ist erkältet, kennt mich nicht und merkt, dass sie im Gegensatz zu den anderen Kindern nicht mitkommt. Die Lehrkraft schreibt ihr zur Hilfe der Aufgabe „6 · 3" die 3er Reihe an den Rand des Heftes. Bevor die Stunde endet schafft das Mädchen mit Mühe die erste Teilaufgabe, die größtenteils schon im Buch steht und bereits mündlich besprochen wurde.

Kurzreflexion:
- Das schnelle Aufsagen der Reihen hat keinen Lerneffekt auf die Kinder, die die Reihen noch nicht auswendig können.
- Die Denkanstöße (vgl. Impulse der Lehrkraft), die die Lehrkraft den Kindern zur Findung der richtigen Frage gibt, bewirken nicht den gewollten Effekt. Die leistungsstarken Kinder amüsieren sich, während sie die Lösung längst wissen, und die leistungsschwächeren Kinder erkennen nicht, dass die Aussagen der Lehrkraft falsch sind. Sie wiederholen nämlich die „Spaß"-Fragen der Lehrkraft. Solche Fragen sind also nur sparsam einzusetzen, um einige Kinder aus der Reserve zu locken.
- Schnell arbeitende Kinder haben also u.U. keine Hausaufgaben auf, und langsamer arbeitende Kinder haben mehr zu Hause zu tun. Dies kann zum einen als Belohnung für die fleißigen Kinder angesehen werden. Zum anderen könnte beanstandet werden, dass die begabten Kinder zu Hause nicht mehr gefordert werden.

Datum / Klasse: Mittwoch, 20.02.08   1. Stunde   4b
Donnerstag, 21.02.08   5. Stunde
Thema der Stunde: Dividieren mit Rest
Dividieren mit Geld
Lernziele: Die Kinder sollen
- das schriftliche Dividieren üben
Verlauf: erste Stunde:
- Hausaufgaben vergleichen
- Üben für die Klassenarbeit am Freitag: „Übe was du möchtest von den folgenden Aufgaben..."
- Lehrkraft kontrolliert und gibt Hilfestellungen
- ich sitze neben einem Mädchen, das zu spät gekommen ist und korrigiere zuerst ihre Hausaufgaben und helfe ihr dann bei den folgenden Aufgaben, da sie einige Fehler hatte
- Hausaufgaben erteilen
zweite Stunde:
- Hausaufgaben vergleichen
- Üben für die morgige Klassenarbeit s.o.
- Lehrerin und ich kontrollieren und helfen Kindern, die Schwierigkeiten haben
Beobachtungsschwerpunkte:
1) Stundenbeginn:
Die Lehrkraft beginnt nach der Begrüßung sofort mit dem Kontrollieren der Hausaufgaben. Es wird nicht gefragt, was die Aufgabe war oder welches Thema im Moment behandelt wird.
2) Verhalten eines lernschwächeren Kindes:

Ein Mädchen bekommt während der Mathematikstunden ein Arbeitsheft mit leichteren Aufgaben, die sich thematisch nicht auf den behandelten Unterrichtsstoff beziehen. Es ist somit vom laufenden Unterrichtsgeschehen ausgeschlossen.

3) Differenzierung:
Die Kinder dürfen sich aussuchen, welche Aufgaben sie üben möchten. Unter den Aufgaben sind sowohl reine Divisions- als auch Textaufgaben. Einige der Aufgaben sind mit einer Glühbirne gekennzeichnet, was auf einen höheren Schwierigkeitsgrad hinweist.

Kurzreflexion:
Die Mathematiklehrkräfte der vierten Schuljahre arbeiten eng zusammen. Sie stellen gemeinsame Klassenarbeiten und sprechen sich in Bezug auf den zu vermittelnden Stoff ab. Leider arbeiten die Lehrkräfte fast ausschließlich mit dem Buch, da wenig Zeit für Einschübe bleibt. Die Tatsache, dass es bald auf eine weiterführende Schule geht, scheint einen gewissen Druck auf die Kinder und Lehrkräfte auszuüben.

Datum / Klasse: Mittwoch, 20.02.08 2. Stunde 1b
Donnerstag, 21.02.08 1. Stunde
Thema der Stunde: Zahl-Buchstaben-Zuordnung
Addition und Subtraktion
Lernziele: Die Kinder sollen
- einer Zahl den richtigen Buchstaben zuordnen
- die Addition und Subtraktion üben
Verlauf: erste Stunde:
- Begrüßung, Gebet
- ABC-Lied singen, Zuordnung der Buchstaben und Zahlen nach dem Schema

A	B	C	D	E	F	G	H	I	J	K ...
1	2	3	4	5	6	7	8	9	10	11 ...

- rechnen einiger Additions- und Subtraktionsaufgaben an der Tafel:
$2 + 6 = 8 = H$ $7 - 6 = 1 = A$
- Kinder arbeiten selbstständig im Buch (S. 70)
zweite Stunde:
- Betreuung zweier Schüler, die die Klassenarbeit nachschreiben, dazu gehört das diktieren von Additions- und Subtraktionsaufgaben bis 20
- in der Klasse arbeiten die Kinder weiter im Buch an der Zahl-Buchstaben-Zuordnung
- die Lehrkraft und ich kontrollieren die Ergebnisse

Beobachtungsschwerpunkte:

1) Stundeneinstieg:
An der Tafel steht bereits das Alphabet in einer Reihe. Lehrkraft: „Ihr wundert euch bestimmt, was denn die Buchstaben mit dem Rechnen zu tun haben." Daraufhin singt die Lehrkraft mit den Kindern zunächst das ABC-Lied. „Nun ordnen wir jedem Buchstaben eine Zahl zu und schreiben sie darunter."

2) Unterrichtsgrundsatz:
Bevor die Kinder mit einer Aufgabe betreut werden, rechnet die Lehrkraft einige Aufgaben an der Tafel vor. Dabei nimmt sie bereits Kinder dran, die ihr das Ergebnis diktieren oder die an die Tafel kommen und die Aufgabe rechnen. Erst nach mehreren Beispielen werden die Kinder auf sich allein gestellt. Natürlich können sie jederzeit nachfragen, doch das selbstständige Arbeiten sollte nach der Einführung möglich sein.

3) Differenzierung:
Die Aufgabenschwierigkeit variiert bei den vorliegenden Aufgabenstellungen nicht. Leistungsstarke Kinder sind schneller fertig und begeben sich an die nächsten Aufgaben desselben Typs.

Kurzreflexion:
Bisher habe ich keine Anregungen bekommen, wie der Unterricht im ersten Schuljahr anders gestaltet werden könnte als nach dem Schema „frontale Einführung, Beispiele mit den Kindern besprechen, Kinder arbeiten selbstständig". Da die Kinder noch nicht alle Aufgabenstellungen lesen können, fallen Erklärungen zu den Aufgaben im Buch weg. Für Erwachsene sind sie zwar selbsterklärend, doch für Kinder oft nur verständlich, wenn die Lehrkraft sie ihnen erklärt hat.

Datum / Klasse: Freitag, 22.02.08   2. Stunde   1b
                     Montag, 25.02.08   2. Stunde
Thema der Stunde: Addition von Zehnerzahlen mit Einerzahlen
Lernziele: Die Kinder sollen
         - die Addition üben
         - vergleichen, indem sie die Gemeinsamkeiten und Unterschiede zwischen der „großen" und der „kleinen" Aufgabe herausstellen
         - abstrahieren, indem sie die „kleine" Aufgabe zur Lösung der „großen" nutzen

Verlauf: erste Stunde:
- Begrüßung, Gebet
- Lehrkraft legt die Aufgabe "15 + 3" im Zwanzigerfeld mit 15 blauen (●) und 3 roten (○) Magnetplättchen: ●●●●●|●●●●●
                         ●●●●●|○○○
    dann deckt sie die obere Reihe ab und fragt wie die kleine Aufgabe lautet
- sie schreibt die kleine Aufgabe an die Tafel, ein Kind nennt ihr das Ergebnis, sie fragt die Kinder nach der großen Aufgabe, schreibt diese darüber und fragt auch nach dem Ergebnis: 15 + 3 = 18
                            5 + 3 =   8
- Wiederholung von Legen und Aufschreiben mehrerer Aufgaben an der Tafel
- Lehrkraft weist darauf hin, dass man zwar „acht | zehn" spricht, aber zuerst die 1 und dann die 8 schreibt
- Kinder bearbeiten selbstständig Aufgaben aus dem Buch; wer fertig ist, erhält ein Arbeitsblatt
- Lehrkraft und ich kontrollieren, korrigieren und geben Hilfestellungen
zweite Stunde:
- Begrüßung
- Lehrkraft legt die Aufgabe „16 + 4" im Zwanzigerfeld
- Kinder sagen ihr, wie sie die Aufgabe an die Tafel schreiben soll
- Lehrkraft: „Wie lautet die kleine Aufgabe?" Kinder: „6 + 4" Lehrkraft unterstreicht die kleine Aufgabe rot in der großen Aufgabe „1<u>6</u> + <u>4</u>"
- es folgen weitere Beispiele nach o.g. Schema
- Kinder sollen Aufgaben aus dem Buch bearbeiten. Dazu müssen sie die „Päckchen" ins Heft abschreiben, dann die kleine Aufgabe unterstreichen, sich ggf. das Ergebnis merken und dann das Ergebnis der großen Aufgabe aufschreiben.

Beobachtungsschwerpunkte:

1) <u>Lehrverhalten</u>:
Die Lehrkraft gibt Vergleichsimpulse wie „Vergleicht mal die große mit der kleinen Aufgabe." Reaktion der Kinder: „Die sind fast gleich." „Da ist immer eine Eins mehr."

2) <u>Methodik</u>:
Leider erfahren die Kinder den Lerninhalt vorrangig auf der Zeichenebene. Die Aufgabe wird zwar zunächst als Bild gelegt, doch die Kinder werden lediglich aufgefordert, die Aufgabe zu formalisieren und zu verbalisieren. Der umgekehrte Weg der Ikonisierung entfällt. Außerdem handeln die Kinder nicht selbstständig mit dem Material.

3) <u>Einsatz von Medien und Materialien</u>:
- Zwanzigerfeld mit Magnetplättchen
- Tafel (größtenteils von Lehrkraft genutzt)
- Mathematikbuch

Kurzreflexion:
Es wäre schön, wenn die Kinder auch selbst Material hätten, mit dem sie hantieren könnten wie z.B. ein Zwanzigerfeld in Miniaturausgabe. Dann könnte die Lehrkraft eine Aufgabe sagen oder anschreiben und jedes Kind könnte die Aufgabe legen. Partnerarbeit wäre auch denkbar. Etwa wenn ein Kind eine Aufgabe legt und der Partner nennt die passende Aufgabe.

Datum / Klasse: Freitag, 22.02.08   3. Stunde   3b
Thema der Stunde: Addition von dreistelligen Zahlen im Kopf oder schriftlich
Lernziele: Die Kinder sollen
  - die schriftliche und / oder die Addition im Kopf üben
  - die für sie effizienteste Methode wählen
Verlauf: - Konfliktlösung aus der vorangegangen Pause
  - Kinder sollen Aufgabe aus dem Buch bearbeiten (S. 62). Dabei können sie wählen, ob sie die Aufgabe im Kopf oder schriftlich rechnen wollen. Die Lehrkraft verweist darauf, dass die Kinder den Weg wählen sollen, der für sie am schnellsten zur richtigen Lösung führt.
  - Anschließend sollen die Kinder „Weckeraufgaben" aus dem Buch bearbeiten. Dabei handelt es sich um Aufgaben wie „399 + 378", bei denen die Kinder im Kopf Tricks anwenden sollen wie „400 + 378 und dann 1 weniger" oder „400 + 377".

Beobachtungsschwerpunkte:

1) <u>Schülerverhalten</u>:
Einige Kinder rechnen alle Aufgaben ohne Ausnahme z.B. „750 + 130" schriftlich untereinander, obwohl sie zuvor festgestellt haben, dass damit mehr Schreibarbeit verbunden ist.

2) <u>Aufgabenstellung im Buch</u>:
Die Aufmachung der Aufgaben im Buch ist sehr ansprechend. Die Figuren Zahlix und Zahline geben Hinweise, welche Aufgaben leicht im Kopf zu lösen sind und welche u.U. besser schriftlich gerechnet werden. Zwei Kinder aus dem Buch stellen ihre unterschiedlichen Methoden zur Berechnung vor. Die Kinder erfahren, dass es mehrere Lösungswege gibt und sie sich den für sie passenden auswählen können.

3) <u>Differenzierung</u>:
Differenzierung erfolgt nur insofern, dass die Kinder wählen können, ob sie die Aufgaben im Kopf oder schriftlich bearbeiten.

Kurzreflexion:
Da die Mathematiklehrkraft häufig (wie in diesem Fall) auch Klassenlehrer bzw. Klassenlehrerin ist, nehmen Angelegenheiten wie Konfliktlösung nach der Pause oft Unterrichtszeit in Anspruch. In solchen Fällen muss die Lehrkraft ihren ursprünglichen Plan der Unterrichtsgestaltung den Gegebenheiten anpassen.

Datum / Klasse: Montag, 25.02.08   1. Stunde   4b
Thema der Stunde: Berichtigung der Klassenarbeit
Lernziele: Die Kinder sollen
  - ihre Fehler entdecken und berichtigen
Verlauf: - Lehrkraft bespricht mit den Kindern die Aufgaben der Klassenarbeit, bei denen die meisten Schwierigkeiten hatten. Zu den häufigsten Fehlern zählt das „falsche Anhängen der Nullen" bei Aufgaben wie „360.000 : 60". Die Lehrkraft erklärt, dass man zuerst bei beiden Zahlen eine 0 wegstreichen kann und dann „36 : 6" rechnet. An das Ergebnis „6" sollten die Kinder dann noch die verbleibenden Nullen der ehemals „360.000" anhängen, also vier Nullen.
  - Bei einer anderen Aufgabe weist die Lehrkraft nochmals auf die Regel „Punkt- vor Strichrechnung" hin. Für die meisten war die Aufgabe aber kein Problem, da in Leserichtung die Multiplikationsaufgabe vor der Additions- oder Subtraktionsaufgabe kam (z.B. 10 · 3.000 – 1700).
  - Die Kinder sollen die Berichtigung beider Gruppen (A und B) von der Tafel ins Heft übertragen.
  - Anschließend gibt die Lehrkraft die Klassenarbeiten zurück. Hausaufgabe ist die Berichtigung der Arbeit.
Beobachtungsschwerpunkte:
1) Tafelbild:
Die Lehrkraft schreibt alle besprochenen Aufgaben an die Tafel, die mit Rechenkästchen versehen ist. Zum Wegstreichen von Nullen und Umkreisen von Teilaufgaben wie „36 : 6" verwendet sie bunte Kreide zur besseren Unterscheidung.
2) Verhalten eines Kindes:
Der Junge erhält in der Klassenarbeit die Note befriedigend, wie in den letzten Arbeiten auch. Seine Mutter hatte ihm aber wohl gesagt, „dass sie es leid wäre immer nur Dreien zu sehen" und ihm Verbote angedroht. Der Junge reagiert auf die Note sehr wütend, schmeißt seine Brille mehrmals durch die Klasse, bis ein Glas aus der Fassung fällt, und weint. Weder die Lehrkraft noch die Mitschüler können ihn wirklich trösten.
3) Didaktik:
Die Lehrkraft bespricht zuerst die Aufgaben mit den Kindern, bevor sie die Arbeit zurückgibt. Auf diese Weise arbeiten die Kinder noch aufmerksamer mit. Sobald sie ihre Arbeit in den Händen haben, verbreitet sich große Aufregung.
Kurzreflexion:
Es ist günstig, eine Klassenarbeit zeitnah (wie in diesem Fall in der darauf folgenden Stunde) zurückzugeben, weil sich die Kinder dann noch an die Aufgaben erinnern können. Außerdem kann anschließend ein neues Thema begonnen werden, ohne dass man noch mal auf das vorherige zurückkommen muss.

Datum / Klasse: Freitag, 29.02.08   2. Stunde   1b
Montag, 03.03.08   2. Stunde
Thema der Stunde: Addition von Zehnerzahlen mit Einerzahlen
Subtraktion von Einerzahlen von Zehnerzahlen

Lernziele: Zahl-Buchstaben-Zuordnung
Die Kinder sollen
- ordnen, indem sie die auf- bzw. absteigenden Reihe der Aufgaben logisch fortsetzen
- abstrahieren, indem sie Gesetzmäßigkeiten herausfinden und die Aufgaben diesen entsprechend fortsetzen

Verlauf: erste Stunde
- Begrüßung, Gebet
- Besprechung zweier Aufgaben vom eingesammelten Arbeitsblatt, die viele Kinder falsch gelöst haben.

$9 - 8 = 1$ $10 - 9 = 1$
$19 - 8 = 1$ $20 - 9 = 1$

Die Kinder lösten die kleine Aufgabe richtig, addierten aber für die große Aufgabe keine 10 dazu.
- Kinder sollen Aufgaben im Buch (S. 73) lösen. Dazu müssen sie u.a. weitere Aufgaben dazu schreiben und diese in einem Baum mit Linien verbinden.

$17 + 3 =$ $19 - 5 =$ $18 + 2 =$
$18 + 3 =$ $19 - 4 =$ $17 + 3 =$
$19 + 3 =$ $19 - 3 =$ $16 + 4 =$

_____   _____   _____

_____   _____   _____

- Lehrkraft und ich kontrollieren, korrigieren und geben Hilfestellungen.

zweite Stunde:
- Eckenrechnen: In jeder Ecke des Raumes steht ein Kind. Die Lehrkraft stellt eine Additions- oder Subtraktionsaufgabe. Das Kind, das zuerst richtig antwortet, darf eine Ecke weiterrücken. Wer wieder an seinem Ausgangspunkt angekommen ist, darf sich auf seinen Platz setzen.
- Lehrkraft fragt die Kinder nach der Geschichte der Bremer Stadtmusikanten. Einige Kinder erzählen Teile der Geschichte. Lehrkraft liest den Schluss des Märchens vor.
- Lehrkraft bearbeitet mit den Kindern zusammen an der Tafel die erste Aufgabe. Danach arbeiten die Kinder selbstständig im Buch. Sie können sich selbst kontrollieren, denn jedes Ergebnis soll einem Buchstaben zugeordnet werden. Es ergeben sich vierbuchstabige Wörter aus dem Märchen der Bremer Stadtmusikanten.

Beobachtungsschwerpunkte:
1) Verhalten eines leistungsstarken Kindes:
Das Mädchen schafft die Aufgaben mühelos. Wenn die Lehrkraft oder ich jedoch an ihrem Platz vorbeigehen, fragt sie nach Hilfe, obwohl sie bisher alles richtig gemacht hat und die Antwort bereits weiß. Das Mädchen ist sehr nähebedürftig. Die Lehrkraft meint, dass die Mutter des Mädchens sehr fürsorglich ist und zu Hause viel mit ihr übt. Dabei werden dem Kind allerdings auch viele Aufgaben abgenommen. In der Schule wirkt das Mädchen dann verunsichert, da hier keine Rundumbetreuung möglich ist.
2) Verhalten eines leistungsstarken Kindes:
Nachdem die Lehrkraft mich darauf hingewiesen hat, beobachte ich einen Jungen, den die Lehrkraft zwar für hochintelligent hält, der sich aber nicht konzentrieren kann. Er verhält sich ruhig, stört die anderen Kinder nicht, erledigt seine Aufgaben aber nur, wenn die Lehrkraft oder ich ihn dazu anhalten. Mit Stift und Schere geht er nicht sorgsam um. Weder die Pause noch die Schule an sich machen dem Jungen laut Erzählungen der Mutter Spaß. In der Klasse und auf dem Schulhof hat er wenig Kontakt zu anderen Kindern.

3) Übungsaufgaben:

Der Aufgabentyp ist den Kindern bereits von vorangegangenen Übungen bekannt. Es gibt mehrere Möglichkeiten, die Aufgaben zu lösen. Sie können zuerst die Päckchen vervollständigen oder aber im Baum die ersten Aufgaben suchen, diese mit einem Strich verbinden und dann anhand der Verlängerung der Linie die nächsten Aufgaben ablesen. Letztere Möglichkeit ist vielleicht eher für lernschwächere Kinder gedacht, die die Gesetzmäßigkeiten (vergrößern oder verkleinern einer oder mehrerer Zahlen) nicht sofort erkennen. Die Aufgaben im Baum zu finden und u.U. diagonale Linien zu ziehen ist aber auch nicht unproblematisch.

Kurzreflexion:

Es ist sehr schwierig, allen Kindern gleichermaßen gerecht zu werden. Einige müssen öfter ermahnt werden und lenken somit die Aufmerksamkeit auf sich. Doch auch den ruhigen Kindern muss Beachtung geschenkt werden.

Datum / Klasse:

Donnerstag,	06.03.08	5. Stunde	4b
Freitag,	07.03.08	1. Stunde	
Montag,	10.03.08	1. Stunde	
Dienstag,	11.03.08	5. Stunde	
Mittwoch,	12.03.08	1. Stunde	
Donnerstag,	13.03.08	5. Stunde	
Freitag,	14.03.08	1. Stunde	
Freitag,	14.03.08	2. Stunde	

Thema der Stunden: schriftliche Multiplikation mehrstelliger Zahlen, Sachrechnen, Punkt- vor Strichrechnung

Lernziele: Die Kinder sollen
- die schriftliche Multiplikation anwenden können
- das Gesetz der Punkt- vor Strichrechnung kennenlernen
- mathematisieren, indem sie einfache Umweltsituationen in mathematischer Sprache ausdrücken

Verlauf: erste Stunde
- Kontrolle der Hausaufgaben
- Lehrkraft bespricht mit den Kindern die Regel Punkt- vor Strichrechnung
- Lehrkraft schreibt dazu Aufgaben an die Tafel, die die Kinder im Heft rechnen sollen; Teil der Aufgaben ist Hausaufgabe

zweite Stunde
- Kontrolle der Hausaufgaben
- Lehrkraft bespricht mit den Kindern Nr. 1 zur Werbung, Nr. 2-4 sind Hausaufgabe

dritte Stunde
- Kontrolle der Hausaufgaben
- Lehrkraft bespricht mit den Kindern die erste Aufgabe zum Flohmarkt
- mit den restlichen Aufgaben der Seite dürfen die Kinder in der Stunde anfangen und in der 4. Stunde (Vertretungsstunde) weitermachen; hinzu kommen Aufgaben aus dem Arbeitsheft als Hausaufgabe

vierte Stunde
- Kontrolle der Hausaufgaben
- Lehrkraft bespricht die restlichen Aufgaben zur Werbung mit den Kindern mündlich
- Kinder bearbeiten selbstständig Nr. 8-10

fünfte Stunde

- Klassenarbeit

<u>sechste Stunde</u>
- Berichtigung der ersten drei Aufgaben an der Tafel für beide Gruppen

<u>siebte Stunde</u>
- Berichtigung wird zu Ende gemacht
- ich gehe mit dem Mädchen, das eine Lernschwäche hat, vor die Tür und korrigiere mit ihr die speziell für sie gestellte Klassenarbeit

<u>achte Stunde</u>:
- die Kinder dürfen mit der Berichtigung beginnen
- wer fertig ist, darf die Knobelaufgabe bearbeiten

Beobachtungsschwerpunkt:
<u>Hausaufgaben</u>:
Mit den Eltern besteht seitens der Lehrkräfte die Vereinbarung, dass die Eltern bei nicht gemachten Hausaufgaben dem Kind eine Notiz zur Entschuldigung ins Heft schreiben dürfen, wenn die Kinder eine Stunde lang konzentriert gearbeitet haben. Von Montag auf Dienstag haben viele Eltern diese Möglichkeit wahrgenommen. Sowohl in der ersten Stunde als auch in der Vertretungsstunde hätten die Kinder allerdings an den Hausaufgaben arbeiten können, was nicht viele Kinder intensiv genutzt haben.

Datum / Klasse: Montag, 10.03.08 2. Stunde 1b
 Dienstag, 11.03.08 2. Stunde
Thema der Stunde: Rechenbefehl gesucht
Lernziele: Die Kinder sollen
 - ihre Fertigkeiten im Ergänzen und im Abziehen verbessern
 - vergleichen, indem sie die Gemeinsamkeiten und Unterschiede zwischen der „großen" und der „kleinen" Aufgabe herausstellen
 - abstrahieren, indem sie die „kleine" Aufgabe zur Lösung der „großen" nutzen

Verlauf: <u>erste Stunde</u>
- Lehrkraft legt im Zwanzigerfeld 15 blaue Plättchen und schreibt die Aufgabe 15 $^+\!\!\rightarrow$ 18 an die Tafel. „Wie viele rote Plättchen muss ich dazu legen, damit ich am Ende insgesamt 18 habe?" Ein Kind kommt an die Tafel und legt 3 rote Plättchen dazu. Lehrkraft schreibt die 3 auf den Pfeil hinter die Rechenoperation +.
- Vorgang des Ergänzens wird an verschiedenen Beispielaufgaben an der Tafel von den Kindern wiederholt
- Lehrkraft gibt den Kindern einen anderen Weg an: sie können von der 15 aus auch die Schritte zählen, die sie nach vorne gehen, bis sie bei der 18 sind. Vorsicht: Schritt (Hüpfer) zählen, nicht die Felder!
- Lehrkraft fragt, ob die Kinder denn auch die Zahl, die auf den Pfeil kommt, ausrechnen könnten. Ein Kind sagt „8 – 5". Lehrkraft sagt, dass das die passende kleine Aufgabe sei um „18 – 15" auszurechnen.
- Lehrkraft wiederholt die drei verschiedenen Wege, mit denen die Kinder die Aufgaben im Buch bearbeiten können
- Kinder arbeiten selbstständig im Buch (Nr. 1-5)

<u>zweite Stunde</u>
- Lehrkraft legt im Zwanzigerfeld 14 blaue Plättchen und schreibt die Aufgabe 14 $^-\!\!\rightarrow$ 11 an die Tafel. „Wie viele Plättchen muss ich weg legen, damit ich am Ende nur noch 11 habe?" Ein Kind kommt an die Tafel und legt 3 Plättchen weg. Lehrkraft schreibt die 3 auf den Pfeil hinter die Rechenoperation –.

14

- Vorgang des Abziehens wird an verschiedenen Beispielaufgaben an der Tafel von den Kindern wiederholt
- Lehrkraft gibt den Kindern einen anderen Weg an: sie können von der 14 aus auch die Schritte zählen, die sie zurückgehen, bis sie bei der 11 sind. Vorsicht: Schritte (Hüpfer) zählen, nicht die Felder!
- Lehrkraft fragt, ob die Kinder denn auch die Zahl, die auf den Pfeil kommt, ausrechen könnten. Ein Kind sagt „14 – 11". Lehrkraft sagt, dass die Kinder, die diese Aufgabe nicht sofort lösen können, sich die kleine Aufgabe zu Hilfe nehmen können, nämlich „4 – 1".
- Lehrkraft wiederholt die drei verschiedenen Wege, mit denen die Kinder die Aufgaben im Buch bearbeiten können
- Kinder arbeiten selbstständig im Buch (Nr. 6-10)

Beobachtungsschwerpunkte:

1) Material:
   Die Kinder arbeiten lediglich an der Tafel mit den Plättchen. Es wäre besser, wenn jedes Kind am Platz handelnd mit Material umgehen könnte. So könnten alle Kinder die Aufgabe selbst erfahren, während ein Kind sie an der Tafel für alle vormacht.

2) Rechenaufgabe:
   Die meisten Kinder verstehen noch nicht, dass zur Lösung des Aufgabentyps, bei dem ergänzt werden muss, eine Subtraktionsaufgabe nötig ist. Sie finden es verwirrend, da auf dem Pfeil ein Pluszeichen steht. Sie zählen also an der Zwanzigerreihe bei jeder Aufgabe die Schritte. Dabei machen sie häufig Fehler, da sie das Ausgangsfeld mitzählen.

3) Bei dem Aufgabentyp, bei dem abgezogen werden muss, stimmt das Minuszeichen auf dem Pfeil zwar mit der Subtraktionsaufgabe überein, doch manche Kinder denken, dass sie jetzt schon wieder das Zeichen umkehren müssen und addieren die Zahlen. Den meisten Kindern ist nicht bewusst, dass sie die Aufgabe kontrollieren können, wenn sie „fertig gerechnet" haben. Sie probieren nicht aus, ob z.B. 14 – 3 = 11 ist und lassen dann auch Aufgaben wie „14 – 13 = 11" stehen.

Kurzreflexion:
Die Kinder sind, was die Bearbeitungsebenen der Aufgaben angeht, auf sehr unterschiedlichen Stufen. Dies spiegelt sich vor allem in der benötigten Bearbeitungszeit wider.

2.2 Protokolle der selbstgehaltenen Stunden

Datum / Klasse: Dienstag, 26.02.08   5. Stunde   4b
Thema der Stunde: Hinführung zur schriftlichen Multiplikation von zweistelligen Zahlen anhand der Pharao-Geschichte
Lernziele: Die Kinder sollen
- ihre Fertigkeiten im Verdoppeln steigern
- argumentieren, indem sie ihre Lösungswege begründen

Verlauf:

Phase / Zeit	Unterrichtsgeschehen	Sozialform / Material	Did. - meth. Kommentar
Initiation 7'	– immer ein Kind (K) liest Teile der Pharao-Geschichte vor – P (Praktikantin) stellt Zwischenfragen wie „Was ist denn ein Pharao?" und zeigt den Kindern Anschauungsmaterial	Klassengespräch Buch	– Aufmerksamkeit der K soll durch Rahmengeschichte und Anschauungsmaterial (Postkarten von Pharaonen, Pyramiden, etc.) geweckt werden
Orientierung	– P stellt die Frage, wie viele Kamele	frontal	– anhand der Verdopplungs-

15

10'	der Pharao denn nun hat – P schreibt die Verdopplungs-Hilfe an die Tafel – ein Kind stellt seine Lösung mündlich vor, P schreibt Weg an die Tafel – P beschreibt, wie die Aufgabe also allgemein zu lösen ist, damit K die folgenden Aufgaben lösen können	Tafel	Hilfe (Papyrusrolle aus dem Buch) sollen die Kinder sehen, dass z.b. $4 \cdot 75$ das Doppelte von $2 \cdot 75$ ist und sie somit nur das Ergebnis (150) verdoppeln müssen anstatt die Multiplikation durchzuführen
Transformation 14'	– K bearbeiten selbstständig die Aufgaben Nr. 1-3 im Buch, soweit sie kommen	Einzelarbeit Buch, Heft	– P gibt einzelnen K Hilfestellungen
Reflexion 14'	– Auflösung der Aufgabe 1. K stellen ihre Lösungswege vor, P schreibt diese an die Tafel – Erteilung der Hausaufgaben: Nr. 1-3 zu Ende bearbeiten – Hinweis zu Nr. 2 (neue Verdopplungs-Hilfe erstellen) und Nr. 3 (der Pharao kann auch nicht dividieren) geben	frontal Tafel	– K sollen die verschiedenen Lösungswege verstehen

Kurzreflexion:
Die Kinder haben mich als Lehrperson akzeptiert und gut mitgearbeitet. Bei der Pharao-Geschichte konnten sie auf ihr Vorwissen aus dem Religionsunterricht zurückgreifen. Ich hätte jedoch deutlicher herausstellen sollen, dass der Pharao nicht multiplizieren darf, sondern sich der Verdopplungs-Hilfe bedient. Um $16 \cdot 75$ zu berechnen haben einige Kinder das halbschriftliche Verfahren gewählt, anstatt $600 + 600$ zu rechnen.

Datum / Klasse: Mittwoch, 27.02.08 1. Stunde 4b
Thema der Stunde: schriftliche Multiplikation mit zwei- und dreistelligen Zehner- bzw. Hunderterzahlen
Lernziele: Die Kinder sollen:
- auf ihr Vorwissen zur schriftlichen Multiplikation mit einstelligen Zahlen und auf die Multiplikation mit 10 und 100 zurückgreifen

Verlauf:

Phase / Zeit	Unterrichtsgeschehen	Sozialform / Material	Did. - meth. Kommentar
Einstieg 10'	– Rückblick auf die letzte Stunde – Hausaufgabenkontrolle: K lesen ihre Ergebnisse vor, Fragen werden geklärt – Vorschau auf das nächste Thema	frontal	– K sollen dahin geführt werden, dass es einen Weg gibt $16 \cdot 75$ zu berechnen ohne zu verdoppeln
Wiederholung 3'	– P schreibt Aufgabe $412 \cdot 3$ an die Tafel – ein K rechnet die Aufgabe an der Tafel vor	frontal Tafel	– die K sollen an die schriftliche Multiplikation mit einer einstelligen Zahl erinnert werden
Erarbeitung 12'	– P macht aus der 3 eine 30 und fragt K, wie nun das Ergebnis verändert werden muss – P schreibt Aufgabe $734 \cdot 60$ an die Tafel und fragt K nach Lösungsweg – K diktieren ihr, wie sie die Aufgabe löst – P macht aus der 60 eine 600 und fragt K wie nun das Ergebnis	frontal Tafel, Buch	– schrittweises Hinzufügen der Nullen soll verdeutlichen, dass nicht direkt $412 \cdot 30$, sondern zuerst $412 \cdot 3$ gerechnet wird und dann (durch anhängen einer Null) $412 \cdot 30$

	verändert werden muss – K sollen sich im Buch zu Nr.1 Zahlix Tipp ansehen – Klärung der Begriffe Produkt und Quersumme zur Lösung der folgenden Aufgaben		
Anwendung und Übung 15'	– Kinder bearbeiten selbstständig Nr.1-2	Einzelarbeit	– P hilft bei Schwierigkeiten
Reflexion 5'	– Auflösung der Nr. 1 – Erteilung der Hausaufgaben: Nr. 2 zu Ende, Nr. 4	frontal	– Kontrolle, ob K in der Lage sind, die Hausaufgaben zu bearbeiten

Kurzreflexion:
Für die Wiederholung der schriftlichen Multiplikation mit einstelligen Zahlen habe ich zu wenig Zeit angesetzt. Nach den Angaben der Lehrkraft bin ich davon ausgegangen, dass das Verfahren bei den Kindern bereits gefestigt ist. Es stellt sich jedoch (auch zum Erstaunen der Lehrkraft) heraus, dass nicht mehr alle Kinder das Verfahren beherrschen.

Datum / Klasse: Donnerstag, 28.02.08 5. Stunde 4b
Thema der Stunde: schriftliche Multiplikation mit Zehnern und Hundertern (Z und H)
Lernziele: Die Kinder sollen
  - einen anderen Lösungsweg kennen lernen
  - selbstständig arbeiten
Verlauf:

Phase / Zeit	Unterrichtsgeschehen	Sozialform / Material	Did. - meth. Kommentar
Einstieg 15'	– Rückblick auf die letzte Stunde – Hausaufgabenkontrolle: K lesen ihre Ergebnisse vor, Fragen werden geklärt	frontal	– K sollen vorstellen, wie sie die Hausaufgaben gerechnet haben: „Nullentrick"
Erarbeitung 8'	– K sollen sich im Buch zu Nr. 1 Zahlines Tipp ansehen – P schreibt Aufgabe 629·400 an die Tafel – ein K rechnet wie Zahline an der Tafel vor	frontal Tafel	– Verdeutlichung, dass nicht „·400" sondern „·4" gerechnet wird und dann die H angehängt werden
Anwendung und Übung 17'	– Kinder bearbeiten selbstständig Nr.3	Einzelarbeit	– P hilft bei Schwierigkeiten
Reflexion 5'	– Auflösung der Nr. 3 – Erteilung der Hausaufgaben: Nr. 3 zu Ende, Arbeitsheft Nr. 1, 2	frontal	– K, die nicht fertig werden, können sich mit Hilfe der Quersumme kontrollieren

Kurzreflexion:
Der Lehrkraft war es wichtig, dass noch einmal der Aufgabentyp mit den Zehnern und Hundertern besprochen wird. Einige Kinder waren früh fertig. Für sie hätte ich besser noch eine Zusatzaufgabe eingeplant. Die meisten hatten sich aber noch nicht mit Hilfe der Quersumme selbst kontrolliert, was sie dann noch nachholen konnten.

Datum / Klasse: Freitag, 29.02.08 1. Stunde 4b
Thema der Stunde: schriftliche Multiplikation mit zweistelligen Zahlen

Lernziele: Die Kinder sollen
- vergleichen, indem sie die Unterschiede und Gemeinsamkeiten der im Buch vorgestellten Rechenwege herausstellen
- ihre Fertigkeiten im schriftlichen Multiplizieren verbessern

Verlauf:

Phase / Zeit	Unterrichtsgeschehen	Sozialform / Material	Did. - meth. Kommentar
Einstieg 12'	– Hausaufgabenkontrolle: K lesen ihre Ergebnisse vor, Fragen werden geklärt	frontal	– K sollen sich bei großen Zahlen Punkte hinter jede 3. Zahl von hinten schreiben, damit sie schneller vorlesen können
Erarbeitung 14'	– K sollen sich im Buch Nr. 5 anschauen und die beiden Rechenwege erklären – P stellt Frage, welcher Rechenweg wohl kürzer ist – P rechnet mit den Kindern an der Tafel die Aufgabe 82·47 – P gibt Hinweise, wo die Hilfszahlen der Multiplikation hinzuschreiben sind und dass diese bei der Addition vernachlässigt werden müssen	frontal Tafel	– K sollen erkennen, dass Zahlix' Weg mit weniger Schreibaufwand verbunden ist
Anwendung und Übung 17'	– K bearbeiten selbstständig Nr. 6	Einzelarbeit	– Kontrollmöglichkeit: die Ergebnisse (plus ein falsches) sind unten angegeben
Reflexion 2'	– Erteilung der Hausaufgaben: Nr. 6 zu Ende, Arbeitsheft Nr. 3	frontal	– Kontrollmöglichkeit durch Quersumme

Kurzreflexion:
Durch die Einführung über die Zehner- und Hunderterzahlen haben die Kinder die richtige Schreibweise übernommen. Alle schreiben die Stellenwerte richtig untereinander. Die ordentliche Schreibung der Hilfszahlen und der Linien lässt bei den meisten noch zu wünschen übrig.

Datum / Klasse: Montag, 03.03.08   1. Stunde   4b

Thema der Stunde: Sachrechnen (Textaufgaben) zur schriftlichen Multiplikation und schriftliche Multiplikation mit dreistelligen Zahlen

Lernziele: Die Kinder sollen
- die schriftliche Multiplikation im Kontext anwenden

Verlauf:

Phase / Zeit	Unterrichtsgeschehen	Sozialform / Material	Did. - meth. Kommentar
Einstieg 12'	– Hausaufgabenkontrolle: K lesen ihre Ergebnisse vor, Fragen werden geklärt	frontal	
Erarbeitung 20'	– P schreibt Textaufgabe (s.u.) an die Tafel – K sollen Aufgabe selbstständig bearbeiten – verschiedene Lösungswege werden an der Tafel vorgestellt	frontal Einzelarbeit Tafel	– die Kinder sollen noch mal daran erinnert werden, dass sie bei einem Produkt den kleineren Faktor „nach hinten" schreiben, um weniger Zeilen zu erhalten
Anwendung und	– Kinder sollen sich die Nr. 1 im Buch	Einzelarbeit	– Kinder sollen erkennen, dass

18

Übung 6'	anschauen und sagen, was ihnen auffällt – K bearbeiten selbstständig Nr. 1		beim Multiplizieren mit dreistelligen Zahlen eine Zeile hinzukommt
Reflexion 7'	– Auflösung von Nr. 1 – Berechnung einer weiteren Aufgabe „dreistellig mal dreistellig" an der Tafel – Erteilung der Hausaufgaben: Nr. 2, 3	frontal Tafel	– K sollen auf die Hausaufgabe vorbereitet werden, letzte Fragen werden geklärt

Kurzreflexion:
Die Klasse war bereits in der ersten Stunde sehr unruhig und brauchte sehr lange zur Berechnung der ersten Textaufgabe. Bei der zweiten Textaufgabe war leider im Buch schon zu viel von der Rechnung vorgegeben, sodass die meisten Kinder nur abgeschrieben haben anstatt selbst noch einmal nachzurechnen.

Datum / Klasse: Dienstag, 04.03.08   5. Stunde   4b
Thema der Stunde: Sachrechnen (Textaufgaben) zur schriftlichen Multiplikation
Lernziele: Die Kinder sollen
- die schriftliche Multiplikation im Kontext anwenden
- mathematisieren, indem sie einfache Umweltsituationen in mathematischer Sprache ausdrücken

Vorbemerkung: Die Lehrkraft teilt die Klasse nach Leistungsstand. Die schwächeren Rechner gehen mit ihr in einen anderen Klassenraum, um nochmals die schriftliche Multiplikation zu üben. Die Übrigen bleiben mit mir im Klassenraum.

Verlauf:

Phase / Zeit	Unterrichtsgeschehen	Sozialform / Material	Did. - meth. Kommentar
Einstieg 10'	– Hausaufgabenkontrolle: K lesen ihre Ergebnisse vor, Fragen werden geklärt	frontal	
Anwendung und Übung 21'	– K lösen Textaufgaben Nr. 1-3	Einzelarbeit	– P hilft Einzelnen bei Schwierigkeiten
Reflexion 14'	– K stellen die Lösungen zu zwei Aufgaben an der Tafel vor – Erteilung der Hausaufgaben: Nr. 4-7	frontal Tafel	– nur Kontrolle der Aufgaben, die alle bereits bearbeitet haben

Kurzreflexion:
Einige Kinder arbeiteten sehr konzentriert, während andere störten und mehrmals ermahnt werden mussten und schließlich Einzelplätze bekamen. Im Nachhinein fiel auf, dass ein Junge aus meiner Gruppe die schriftliche Multiplikation mehrstelliger Zahlen doch noch nicht verstanden hatte. Die Hausaufgaben hatte er mit dem Taschenrechner gerechnet.

Datum / Klasse: Mittwoch, 05.03.08   1. Stunde   4b
Thema der Stunde: schriftliche Multiplikation mit dreistelligen Zahlen und Sachrechnen
Lernziele: Die Kinder sollen
- die schriftliche Multiplikation im Kontext anwenden
- mathematisieren, indem sie einfache Umweltsituationen in mathematischer Sprache ausdrücken

Vorbemerkung: Zu Beginn der Stunde kontrolliert die Lehrkraft mit den Kindern die Hausaufgaben. Anschließend bespricht sie mit den Kindern die Aufgabenstellung zu Nr. 8 aus dem Buch.

Verlauf:

Phase / Zeit	Unterrichtsgeschehen	Sozialform / Material	Did. - meth. Kommentar
Anwendung und Übung 12'	– K bearbeiten die Textaufgaben 4 und 5 (s.o.)	Einzelarbeit	– K, die fertig sind, können weitere Textaufgaben des Arbeitsblattes bearbeiten
Ergebnissicherung 10'	– K stellen die Lösungen an der Tafel vor – Erteilung der Hausaufgaben: Nr. 8, Aufgabe aus dem Arbeitsheft	frontal Tafel	

Datum / Klasse: Dienstag, 04.03.08   2. Stunde   1b
Thema der Stunde: Einführung der Tabelle
Lernziele: Die Kinder sollen
- neue Übungsformen kennenlernen
- innerhalb der Tabelle die richtigen Zuordnungen treffen

Verlauf:

Phase / Zeit	Unterrichtsgeschehen	Sozialform / Material	Did. - meth. Kommentar
Motivation 5'	– P spricht mit K über Karneval und das Verkleiden – P holt Hüte und Brillen hervor – ein K darf sich eine Kombination anziehen	Klassengespräch Hüte und Brillen	– K sollen durch die bunten Kostüme zur Mitarbeit animiert werden
Einführung 15'	– P klappt Tafel um, sodass Tabelle zu sehen ist und führt den Begriff Tabelle ein – ein K darf nach vorne kommen und „Schaufensterpuppe" spielen – P zeigt auf das erste Feld und zeigt die Richtung an, wie K ablesen können, was das Kind anziehen soll – K sagen der „Puppe", was sie anziehen soll – so wird mit allen 6 Feldern verfahren – P malt an der Tafel die passenden Hüte und Brillen zu den Gesichtern	frontal Tafel	– buntes Tafelbild soll K auffordern, später auf dem Arbeitsblatt auch ordentlich zu arbeiten – viele K sind involviert, die „Puppen" und die „Dekorateure"
Anwendung 20'	– P teilt Arbeitsblatt aus, auf dem K zunächst die Hüte und Brillen ausmalen sollen und dann die Gesichter „anziehen" sollen – wer fertig ist, kann die Tabelle im Buch ausmalen	Einzelarbeit Arbeitsblatt	– Tafel bleibt zunächst noch aufgeklappt, damit die Kinder sich orientieren können, dann wird sie zugeklappt

Anschauungsmaterial:

Kopien des selbstentworfenen Arbeitsblattes und der Aufgabe:

Name: _____

bearbeitetes Arbeitsblatt:

Kurzreflexion:
Alle Kinder sind mit dem Arbeitsblatt fertig geworden. Bei der Kontrolle fiel auf, dass lediglich zwei Kinder Teile vergessen hatten zu zeichnen. Das heißt, die Aufgabenstellung wurde verstanden.

Datum / Klasse: Mittwoch, 05.03.08   2. Stunde   1b
Thema der Stunde: Tabellen mit Wörtern und Additionsaufgaben
Lernziele: Die Kinder sollen
                     - die Tabelle als eine neue Übungsform für Additionsaufgaben kennen
                       lernen
Verlauf:

Phase / Zeit	Unterrichtsgeschehen	Sozialform / Material	Did. - meth. Kommentar
Einführung 10'	– P erinnert an die letzte Stunde, fragt nach, wie man „so was" nennt und führt Begriffe Zeile und Spalte ein – P führt an der Tafel eine Tabelle mit Buchstaben ein – K lesen die Buchstaben oder Silben laut vor – P zeigt an der Tafel, wie das Wort des ersten Feldes zusammengesetzt wird, und füllt mit den K die Tabelle aus	frontal Tafel	– K sollen durch das Anzeigen der P erkennen, dass erst in die Zeile und dann in die Spalte geschaut werden muss
Anwendung 8'	– K lösen Aufgaben aus dem Buch zu den Worttabellen selbstständig	Einzelarbeit	– es ist nicht wichtig, ob die Kinder schon fertig sind; P

			fährt fort, wenn alle Kinder das Schema verstanden haben
Erarbeitung 7'	– P gibt Hinweis, dass man bei den Wörtern z.b. „H + und" gebildet hat – P schreibt Additionstabelle mit Zahlen an die Tafel und löst sie zusammen mit den K	frontal Tafel	– K sollen verstehen, dass das linke obere Kästchen die Rechenoperation angibt
Anwendung 15'	– K lösen Aufgaben aus dem Buch zu den Additionstabellen selbstständig – K, die fertig sind, dürfen mit dem Arbeitsblatt beginnen	Einzelarbeit	– P hilft K, die Schwierigkeiten haben

Kurzreflexion:
In dieser Stunde wurden die Leistungsunterschiede sehr viel deutlicher. Alle Kinder bewältigten die Aufgaben, brauchten aber unterschiedlich lange. Einige waren nach ca. 8 Minuten mit den Aufgaben des Buches fertig, und andere hatten gegen Ende der Stunde noch nicht alle Aufgaben bearbeitet. Trotzdem haben alle die Aufgaben ordnungsgemäß gelöst und somit das System einer Tabelle in groben Zügen verstanden.

Datum / Klasse: Donnerstag, 06.03.08   2. Stunde   1b
Thema der Stunde: Tabellen mit Subtraktionsaufgaben
Lernziele: Die Kinder sollen
          - die Tabelle als eine neue Übungsform für Subtraktionsaufgaben
          kennen lernen
Verlauf:

Phase / Zeit	Unterrichtsgeschehen	Sozialform / Material	Did. - meth. Kommentar
Einführung 10'	– P schreibt Tabelle mit Subtraktionsaufgaben an die Tafel – P erklärt, in welcher Reihenfolge die Aufgaben zu lesen sind – P füllt die Felder zusammen mit den Kindern aus	frontal Tafel	– es wird darauf geachtet, dass K nicht nur das Ergebnis sagen, sondern auch die Aufgabenstellung
Anwendung und Übung 20'	– Kinder arbeiten selbstständig im Buch und an den Arbeitsblättern weiter	Einzelarbeit	– P hilft bei Schwierigkeiten
Erarbeitung 10'	– P erklärt für die leistungsstärkeren K, wie sie die fehlenden Zahlen bei Nr. 8 und 9 herausbekommen – Aufgabe lautet z.B. „5 + wie viel = 5?"	frontal Tafel	– die Lehrkraft beschäftigt sich in der Zeit mit den leistungsschwächeren K

Kurzreflexion:
Die Subtraktionsaufgaben fielen einigen Kindern schwerer als die Additionsaufgaben, doch es war erkennbar, dass auch diese neue Übungsform schnell verinnerlicht wurde. Mit den Aufgaben aus dem Buch wurden alle fertig.

Datum / Klasse: Freitag, 07.03.08   2. Stunde   1b
Thema der Stunde: Tabellenrechnen
Lernziele: Die Kinder sollen
          - ihre Fertigkeiten im Addieren und Subtrahieren anhand von
          Tabellenaufgaben verbessern

Verlauf:

Phase / Zeit	Unterrichtsgeschehen	Sozialform / Material	Did. - meth. Kommentar
Begrüßung 5'	– P singt mit K ein Begrüßungslied		– K werden aufmerksam für die folgenden Aufgaben
Anwendung und Übung 35'	– die Kinder sollen alle begonnenen Arbeiten im Buch und auf den Arbeitsblättern zu Ende führen – diejenigen, die alle Arbeiten erledigt haben, dürfen sich ein weiteres Arbeitsblatt abholen	Einzelarbeit	– K sollen ausreichend Zeit bekommen, da in den vergangenen Stunden vieles liegen geblieben ist

Kurzreflexion:

Die Kinder rechnen gerne leise für sich. Manche vergleichen die Ergebnisse zuerst mit dem Nachbarn und geben sie dann an die Lehrkraft oder mich zur Kontrolle. Vor allem die schwächeren Kinder sollen die Möglichkeit bekommen, in der Schule noch mal die Lehrkraft oder mich bei Schwierigkeiten zu fragen.

Datum / Klasse: Mittwoch, 12.03.08   2. Stunde   1b
Thema der Stunde: Umkehraufgabe zum Rechenbefehl mit Subtraktion
Lernziele: Die Kinder sollen
- analogisieren, indem sie Entsprechungen zwischen dem vor- und zurückgehen auf der Zahlenreihe und der Addition und Subtraktion herstellen
- die Umkehraufgabe bilden

Verlauf:

Phase / Zeit	Unterrichtsgeschehen	Sozialform / Material	Did. - meth. Kommentar
Einstieg 4'	– P fordert K auf, die Augen zu schließen. „Ich stehe auf einem Feld. Nun gehe ich 3 Schritte zurück. Augen auf! Auf welchem Feld habe ich begonnen?" – K geben ihre Ergebnisse ab. „Wie kann ich das kontrollieren?" K: „3 Schritte vor!"	frontal auf dem Boden ausgelegte Zahlenreihe bis 20	– K sollen erkennen, dass „Schritte zurückgehen" der Subtraktion gerecht wird und „Schritte vorgehen" der Addition
Erarbeitung 12'	– verschiedene K übernehmen nacheinander meine Rolle: sie starten auf einem Feld, gehen x Schritte zurück und dann x Schritte vor zur Kontrolle – die anderen K sagen dem jeweiligen K, auf welchem Feld es begonnen hat	K nehmen sich gegenseitig dran Zahlenreihe	– so viele Kinder wie möglich sollen selbst auf der Zahlenreihe agieren
Ergebnissicherung 12'	– P schreibt verschiedene Beispielaufgaben an die Tafel und löst sie gemeinsam mit den Kindern. Zur Kontrolle darf wieder ein Kind auf der Zahlenreihe zurück gehen – P führt Begriff Umkehraufgabe ein: statt – wird + gerechnet	frontal Zahlenreihe	– K soll bewusst werden, dass sie auf der Zahlenreihe immer vorgegangen sind, also + gerechnet haben, um auf das gesuchte Feld zu kommen
Anwendung und Übung 12'	– Kinder sollen Aufgaben im Buch bearbeiten	Einzelarbeit	– jedes K hat einen Streifen mit einer „Kinder-Zahlenreihe", den es benutzen kann

Kurzreflexion:
Die Kinder haben schnell verstanden, dass das Kind auf der Zahlenreihe zur Kontrolle die entsprechende Anzahl an Schritten nach vorne gehen muss. Die meisten haben den Transfer zum Umkehraufgabe bilden können. Beim anschließenden Rechnen im Buch haben auch alle addiert, um auf das Ergebnis zu kommen. Leider schlichen sich viele Flüchtigkeitsfehler ein. Die Lehrkraft macht mich darauf aufmerksam, dass ich noch mal betonen sollte, in welcher Reihenfolge die Kinder rechnen sollen. „Wenn vorne etwas fehlt, fangen wir hinten an zu rechnen."

Datum / Klasse: Donnerstag, 13.03.08   2. Stunde   1b
Thema der Stunde: Umkehraufgabe zum Rechenbefehl mit Addition
Lernziele: Die Kinder sollen
- analogisieren, indem sie Entsprechungen zwischen dem Vor- und Zurückgehen auf der Zahlenreihe und der Addition und Subtraktion herstellen
- die Umkehraufgabe bilden

Verlauf:

Phase / Zeit	Unterrichtsgeschehen	Sozialform / Material	Did. - meth. Kommentar
Einstieg 3'	– P fordert K auf, die Augen zu schließen. „Ich stehe auf einem Feld. Nun gehe ich 3 Schritte vor. Augen auf! Auf welchem Feld habe ich begonnen?" – K geben ihre Ergebnisse ab. „Wie kann ich das kontrollieren?" K: „3 Schritte zurück!"	frontal auf dem Boden ausgelegte Zahlenreihe bis 20	– den K soll wiederholt vor Augen geführt werden, dass „Schritte vor gehen" der Addition gerecht wird und „Schritte zurück gehen" der Subtraktion
Erarbeitung 12'	– verschiedene K übernehmen nacheinander meine Rolle: sie starten auf einem Feld, gehen x Schritte vor und dann x Schritte zurück zur Kontrolle – die anderen K sagen dem jeweiligen K, auf welchem Feld es begonnen hat	K nehmen sich gegenseitig dran Zahlenreihe	– so viele Kinder wie möglich sollen selbst auf der Zahlenreihe agieren
Ergebnissicherung 13'	– P schreibt verschiedene Beispielaufgaben an die Tafel und löst sie gemeinsam mit den Kindern. Zur Kontrolle darf wieder ein Kind auf der Zahlenreihe vor gehen – P wiederholt den Begriff Umkehraufgabe: statt + wird – gerechnet. „Wenn wir die Zahl vorne suchen, müssen wir mit der hinteren beginnen. Dann das Zeichen umkehren und dann die zweite Zahl dazu nehmen."	frontal Zahlenreihe	– K soll bewusst werden, dass sie auf der Zahlenreihe immer zurückgegangen sind, also – gerechnet haben, um auf das gesuchte Feld zu kommen
Anwendung und Übung 12'	– Kinder sollen Aufgaben im Buch bearbeiten	Einzelarbeit	– jedes K hat einen Streifen mit einer „Kinder-Zahlenreihe", den es benutzen kann

Kurzreflexion:
Nach der Einführung der gestrigen Stunde fielen den Kindern diese verwandten Aufgaben nicht schwer. Bei der Kontrolle hatten alle bis auf einen Jungen die richtige Strategie (– statt +) angewendet. Dem Jungen erklärte ich die Aufgaben noch mal. Er hatte allerdings Mühe sich zu konzentrieren und war sehr abgelenkt. Ansonsten fühlen sich die Kinder nun mit dem Rechenbefehl bis 20 (ohne Zehnerüberschreitung) sicher.

3. DARSTELLUNG DER SELBST GEHALTENEN UNTERRICHTS-EINHEIT

Klasse: 2a

Mentor: Frau xxx

Thema der Unterrichtsreihe: geometrische Körper

Ziel der Unterrichtsreihe:
Die Kinder sollen die Eigenschaften von geometrischen Objekten erfassen. Sie sollen in ihrer Umgebung Körper entdecken und benennen können. Des Weiteren sollen die Kinder Freude an der Auseinandersetzung mit geometrischen Körpern erfahren und ihr Interesse an der Geometrie soll geweckt werden.

Lernstand:
Im ersten Halbjahr des zweiten Schuljahres haben die Kinder bereits das Thema Flächen behandelt. Dabei ging es vorrangig um Rechtecke und Quadrate.

Bezug zum Lehrplan:
Das Thema ist dem Lernbereich Geometrie des Lehrplans zuzuordnen. Der Aufgabenschwerpunkt Körper umfasst in den Klassen 1 und 2 die Objekte Würfel, Quader und Kugel. Die Kinder sollen unter anderem „Körper in der Umwelt entdecken und benennen" (S. 80).

Erarbeitungsstunde

Datum: 25.02.08

Zeit: 9.55 – 10.35 Uhr

Thema der Stunde: Wiederholung von Flächen
                                     Eigenschaften des Würfels

Ziele der Unterrichtsstunde:
Die Kinder sollen
– vergleichen, indem sie Gemeinsamkeiten und Unterschiede eines Rechtecks und eines Quadrats herausstellen
– erste Erfahrungen zum Thema Körper sammeln und bereits erworbene Kenntnisse zum Thema Flächen darauf anwenden
– analogisieren, indem sie die Entsprechungen zwischen Fläche und Körper herstellen, nämlich dass ein Würfel aus mehreren Flächen besteht
– formalisieren, indem sie die Anzahl der von ihnen gezählten Seitenflächen, Ecken und Kanten in den vorgegebenen Text einbauen
– abstrahieren, indem sie die wesentlichen Merkmale eines Quaders und einer Kugel (im Vergleich zum Würfel) erfassen
– ihr räumliches Vorstellungsvermögen schulen, indem sie sich bei den Hausaufgaben die zeichnerisch dargestellten Gegenstände dreidimensional vorstellen

Didaktische und methodische Überlegungen:

Anhand der vorbereiteten Papierflächen soll zunächst geschaut werden, was die Kinder noch zu den einzelnen Flächen wissen. Da die Namen der Flächen bereits auf der Rückseite stehen, wird keine Zeit mit anschreiben verloren. Die Tatsache, dass die Papierblätter flach und ohne

Mühe an der Tafel zu befestigen sind, soll den Kindern den Unterschied zu den Körpern verdeutlichen.

Auf die Frage, was sich die Kinder unter einem Körper vorstellen, werden die Kinder vielleicht antworten „der menschliche Körper". Die Kinder können dann an ihrem eigenen Körper sehen und fühlen, dass ein Körper nicht flach ist.

Der Spielwürfel hat einen hohen Aufforderungscharakter. Die Kinder werden zunächst den Würfel rollen lassen und Zahlen würfeln. Wenn die Kinder sich auch die Würfel ihrer Nachbarn ansehen, stellen sie möglicherweise fest, dass auf allen Würfeln die Zahlen Eins bis Sechs in Punktform abgebildet sind. Von der Zahl Sechs lässt sich auf die Anzahl der Seitenflächen schließen. Außerdem ist das Zählen ein guter Anlass, noch mehr Dinge wie Ecken und Kanten am Würfel zu zählen. Da jedes Kind einen Würfel hat, kann es die Antworten der anderen Kinder an seinem Würfel nachvollziehen.

Zur Bearbeitung der Aufgabe im Buch werden Quader und Kugel nur mit Namen vorgestellt. Die Kinder können jedoch jederzeit nach vorne kommen und die beiden Objekte näher betrachten.

Stundenverlaufsplan:

Phase / Zeit	Unterrichtsgeschehen	Sozialform / Material	Did. - meth. Kommentar
Begrüßung 2'	– P nennt den Oberbegriff des neuen Themas: **Geometrie** – P fragt die K, ob sie bereits Flächen kennengelernt haben	frontal	– K sollen auf das neue Thema aufmerksam gemacht werden
Wiederholung 8'	– P hält **Flächen** (Dreieck, Kreis, Rechteck, Quadrat) an die Tafel – K antworten, wie die Flächen heißen – P dreht Flächen um und klebt sie an die Tafel – „Was sind die Unterschiede zwischen Rechteck und Quadrat?" – P verweist darauf, dass die Flächen alle flach sind und leicht an der Tafel befestigt werden können	frontal Papierflächen	– zunächst wird die weiße Seite gezeigt – bei richtiger Antwort wird das Blatt umgedreht, sodass der Name der Fläche zu sehen ist – vor der Stunde werden vier Klebestreifen an der Tafel befestigt, sodass die Flächen an die Tafel geklebt werden können – K sollen verstehen, dass Rechteck und Quadrat beide Vierecke sind, und Unterschiede entdecken
Einführung 15'	– P fragt die Kinder, was sie sich unter einem **Körper** vorstellen – P zeigt K einen Würfel und teilt jedem K einen Spielwürfel aus – „Was ist das?" – „Wie unterscheiden sich Quadrat und **Würfel**?" – „Schaut euch auch mal den Würfel eurer Nachbarn an. Was haben alle gemeinsam?" – „Was könnt ihr alles zählen?" – Taschentuchbox und Softball werden als Repräsentanten der	frontal (Partnerarbeit) Spielewürfel, Tafel	– K sollen Unterschiede zwischen Flächen und Körpern erfahren – Begriffe werden an der Tafel festgehalten (Würfel, Anzahl und Form der Seitenflächen, Anzahl der Ecken und Kanten)

	Körper **Quader** und **Kugel** vorgestellt		
Erarbeitung 15'	– K sollen im Buch eine Aufgabe zu den Eigenschaften des Würfels, des Quaders und der Kugel bearbeiten – Kinder, die früher fertig sind, sollen den Satz „Ich habe ___ Ecken." ergänzen und sich weitere Sätze zur Charakterisierung ausdenken.	Einzelarbeit Buch, Schulheft	– zuvor wurden die Eigenschaften des Würfels mündlich besprochen, nun sollen K diese schriftlich festhalten – anhand der Eigenschaften des Würfels sollen die Kinder die Eigenschaften des Quaders und der Kugel herausfinden – P geht durch die Klasse und gibt lernschwächeren K Hilfestellungen
Ergebnis-sicherung 2'	– K liest seine Antwort zum Würfel vor; die anderen vergleichen und korrigieren ggf.	frontal	– P fasst noch einmal die wichtigsten Eigenschaften des Würfels zusammen
Erteilung und Erklärung der Hausaufgaben 3'	– ggf. die Aufgabe zu Ende bearbeiten und im Arbeitsheft zwei Aufgaben bearbeiten	frontal Tafel	– K, die nicht fertig geworden sind mit der Beschreibung des Quaders und der Kugel, werden nicht unter Druck gesetzt, da sie die Aufgabe zu Hause beenden können

Tafelbild:

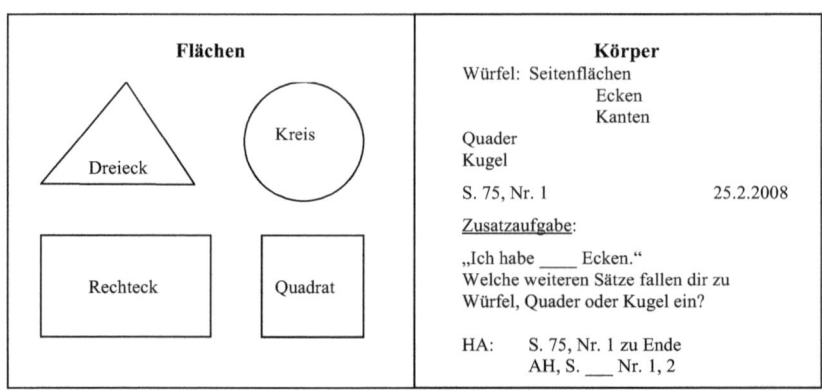

29

Anschauungsmaterial:

<u>**Übungsstunde**</u>

Datum: 27.02.08

Zeit: 8.45 – 9.25 Uhr (danach Frühstückspause)

Thema der Stunde: Eigenschaften des Würfels, des Quaders und der Kugel

Ziele der Unterrichtsstunde:
Die Kinder sollen
- ihre Kommunikationsfähigkeit und Kooperationsfähigkeit im Klassengespräch schulen, indem sie ihre Gedanken verbalisieren, sich melden, andere Kinder drannehmen und andere ausreden lassen
- argumentieren, indem sie ihre Antworten bei der Hausaufgabenkontrolle begründen, z.B. indem sie sagen, warum der Körper ein Würfel ist
- klassifizieren, indem sie die Gegenstände einer der vorgegebenen Kategorien zuordnen

Didaktische und methodische Überlegungen:

In der vorherigen Mathematikstunde hat die Lehrkraft mit den Kindern einen Wochenplan zu einem anderen Thema erstellt. Zu Beginn der Stunde sollen die Kinder also nochmals auf das Thema Körper aufmerksam gemacht werden. Nun können sie schon mehr über die auf dem Tisch liegenden Gegenstände sagen und sollen dazu auch die Möglichkeit bekommen. Die Kinder kennen die Methode, sich gegenseitig dranzunehmen, aus anderen Unterrichtsstunden. Jedes Kind kann etwas zum Thema sagen, wenn es möchte. Andere können darauf eingehen oder neue Beiträge liefern.

Bei der Kontrolle der Hausaufgaben sollen die Kinder ihre Antwort nicht bloß vorlesen, sondern begründen, warum sie ein Bild eines Gegenstandes einem Körper zugeordnet haben.

Die Lehrkraft hat mir zuvor gesagt, dass einige Kinder Probleme bei der Bearbeitung hatten. Diese versuche ich durch meine Nachfragen zu lösen.

Zur Vertiefung habe ich den Kindern erneut ein Arbeitsblatt erstellt, auf dem Gegenstände aufgelistet sind, die sie den entsprechenden Körpern zuordnen sollen. Alle Gegenstände liegen auf einem Tisch aus, sodass die Kinder sie vorne betrachten können.

Die zweite Aufgabe des Arbeitsblattes, die als Hausaufgabe gedacht ist, verfolgt den umgekehrten Weg. Die Kinder sollen Gegenstände in ihrer Umwelt finden, die entweder Würfel, Quader oder Kugeln sind.

Stundenverlaufsplan:

Phase / Zeit	Unterrichtsgeschehen	Sozialform / Material	Did. - meth. Kommentar
Einstieg 5'	– P legt Würfel, Quader und Kugel als stummen Impuls auf den Tisch – K dürfen sagen, was ihnen zu den drei Objekten einfällt	Klassengespräch Gegenstände auf dem Tisch	– den K wird die Möglichkeit gegeben, im Rahmen der Klassenregeln ihrem Redebedarf freien Lauf zu lassen
Kontrolle und Bewertung 14'	– nacheinander lesen einige Kinder ihre Hausaufgaben vor, die anderen ergänzen oder verbessern	frontal Schul- und Arbeitsheft	– P stellt mitunter Nachfragen und korrigiert, wenn andere K nicht eingreifen
Anwendung und Übung 18'	– P breitet Gegenstände auf einem Tisch vorne aus – K sollen Aufgabe 1 des Arbeitsblatts bearbeiten – K dürfen sich Gegenstände vorne anschauen – K, die fertig sind, dürfen mit Aufgabe 2 beginnen	Einzelarbeit Gegenstände auf dem Tisch	– K haben Gegenstände vor Augen und können sie anfassen oder aber sie können die Tabelle ohne Anschauungsmaterial ausfüllen – leistungsstarke K können weiterarbeiten
Erteilung und Erklärung der Hausaufgaben 3'	– Aufgabe 2 des Arbeitsblatts, K sollen sich zu Hause 5-10 Min. umschauen und Gegenstände finden, die ein Würfel, ein Quader oder eine Kugel sind	frontal Tafel	– K, die nicht fertig geworden sind mit der Tabelle, werden nicht unter Druck gesetzt, da sie die Aufgabe zu Hause beenden können

Gegenstände:

Kopie des Arbeitsblattes:

Name: _____ Datum: _____

<u>Aufgabe 1:</u>   Ist der Gegenstand ein **Würfel**, ein **Quader**, eine
Kugel oder **keins** von alledem? Kreuze an.

Gegenstand	Würfel	Quader	Kugel	keins
Buch		x		
Zauberwürfel				
Tafel Schokolade				
Tischtennisball				
Schere				
Murmel				
Streichholzschachtel				
Flasche				
Zuckerwürfel				
Tablettenpackung				

Federball				
Kassettenhülle				
Wecker				
Notizblock				

<u>Aufgabe 2:</u> Fallen dir selbst noch mehr Gegenstände ein, die die Form eines **Würfels**, eines **Quaders** oder einer **Kugel** haben? Schreibe sie in die passende Spalte.

Würfel	Quader	Kugel

<u>**Übungsstunde**</u>

Datum: 28.02.08

Zeit: 8.45 – 9.25 Uhr (danach Frühstückspause)

Thema der Stunde: Eigenschaften des Würfels, des Quaders und der Kugel

Ziele der Unterrichtsstunde:

Die Kinder sollen
- argumentieren, indem sie ihre Antworten bei der Hausaufgabenkontrolle begründen, z.B. indem sie sagen, warum der Gegenstand weder ein Würfel, ein Quader noch eine Kugel ist
- klassifizieren, indem sie die Gegenstände, die die anderen Kinder vorlesen, einer der vorgegebenen Kategorien zuordnen
- in ihrem Problemlöseverhalten gefördert werden, indem sie sich zu zweit mit einer Aufgabe auseinander setzen. Vor allem die Kombinationsfähigkeit soll geschult werden. Die Kinder sollen möglichst erfassen, dass zur Lösung der Aufgabe die Gesamtanzahl der Ecken und Kanten nötig ist.
- vergleichen, indem sie die gegebenen unfertigen Würfelkonstruktionen mit ihrem Würfel vergleichen

Didaktische und methodische Überlegungen:

Die Kontrolle der Hausaufgaben stellt eine weitere Übung für die Kinder dar. Ein Kind liest seine selbst gefundenen Gegenstände vor und nimmt ein anderes Kind dran, dass sagt, um was für einen Körper es sich handelt. Ebenso bringe ich noch meine Beispiele mit ein.

Kindern, die bei der Aufgabe aus dem Buch keinen Lösungsansatz haben, soll zuerst durch die Partnerarbeit der Einstieg vermittelt werden. Kommt ein Paar zu keiner Lösung, kann ihm durch die anschließende Vorstellung vor der Klasse geholfen werden.

Da die Kinder wahrscheinlich noch keine Gleichung aufgestellt haben, wird diese zusammen mit den Kindern erarbeitet. Die Grundlage dafür bilden die Lösungswege der Kinder.

Stundenverlaufsplan:

Phase / Zeit	Unterrichtsgeschehen	Sozialform / Material	Did. - meth. Kommentar
Kontrolle und Bewertung 15'	– Hausaufgaben werden verglichen – Aufgabe 1: P hält jeweils den Gegenstand in die Luft, den das K vorliest – Aufgabe 2: K liest selbst gefundenen Gegenstand vor, nimmt anderes K dran, das sagt, in welche Spalte er einzutragen ist – P liest ihre Beispiele vor, K sagen, um was für einen Körper es sich handelt	Gegenstände	– P stellt mitunter Nachfragen und korrigiert, wenn andere K nicht eingreifen – Aufgabe 2 ist eine weitere Übung für die Mitschüler
Phase der Schwierigkeiten 7'	– Aufgabe 2 (S. 74) soll bearbeitet werden – K liest die Aufgabenstellung vor – K sollen sagen, was gelb und was grau dargestellt ist – jedes K bekommt einen Spielwürfel – K sollen mit ihrem Partner die Aufgabe a) bearbeiten	frontal Buch, Schulheft Partnerarbeit	– K sollen erkennen, dass die Anzahl der fehlenden Ecken und Kanten angeben werden soll
Lösungsphase 8'	– K stellen ihre Lösungswege mündlich vor – falls K noch keine Gleichung aufgestellt haben, entwickelt P eine Subtraktionsaufgabe mit den K	Tafel	– P wiederholt ggf. die Methode der K, damit sie allen klar wird
Anwendung und Übung 10'	– K bearbeiten Aufgabenteile b) bis e) – K, die fertig sind, können mit Aufgabe 6 beginnen	Einzelarbeit	– wenn ihre Lösung richtig war, können die K ihre Methode fortsetzen oder aber den Weg eines anderen Paares nachvollziehen

Tafelbild:

S. 74, Nr. 1   28.2.2008

a) Berechnung der fehlenden Kanten:
    $12 - 8 = 4$

    Berechnung der fehlenden Ecken
    $8 - 7 = 1$

4. Literaturverzeichnis

Ministerium für Schule, Jugend und Kinder des Landes Nordrhein-Westfalen (Hrsg.) (2003): Richtlinien und Lehrpläne zur Erprobung für die Grundschule in Nordrhein-Westfalen. Ritterbach Verlag. Frechen.

Rinkens, Hans-Dieter; **Hönisch**, Kurt (Hrsg.) (2006): Welt der Zahl 2. Mathematisches Unterrichtswerk für die Grundschule. Schroedel Verlag. Braunschweig.

Zech, Friedrich (1996): Grundkurs Mathematikdidaktik. Theoretische und praktische Anleitungen für das Lehren und Lernen von Mathematik. Beltz Verlag. Weinheim und Basel.